GUANSHANG QISHU PINZHONG TUPU(Ⅱ)

观赏槭树品种图谱(Ⅱ)

祝志勇　王　晖　著

ZHEJIANG UNIVERSITY PRESS
浙江大学出版社
·杭州·

图书在版编目(CIP)数据

观赏槭树品种图谱.Ⅱ/祝志勇,王晖著.—杭州:
浙江大学出版社,2023.12
ISBN 978-7-308-24513-5

Ⅰ.①观… Ⅱ.①祝…②王… Ⅲ.①观赏树木–槭
属–品种–图谱 Ⅳ.①S792.350.4–64

中国国家版本馆CIP数据核字(2023)第229141号

观赏槭树品种图谱(Ⅱ)

祝志勇　王　晖　著

责任编辑　石国华
责任校对　杜希武
封面设计　星云光电
出版发行　浙江大学出版社
　　　　　(杭州市天目山路148号　邮政编码310007)
　　　　　(网址:http://www.zjupress.com)
排　　版　杭州星云光电图文制作有限公司
印　　刷　浙江海虹彩色印务有限公司
开　　本　787mm×1092mm　1/16
印　　张　13
字　　数　300千
版 印 次　2023年12月第1版　2023年12月第1次印刷
书　　号　ISBN 978-7-308-24513-5
定　　价　98.00元

　　自2006年主持宁波市科技项目"金叶鸡爪槭的繁殖技术研究及推广应用"研究开始，作者已走过17年槭树研究历程，其间主持了宁波市农业社会发展重大项目"槭树科种质资源库建设与良种高效栽培技术研究"（2011年）、科技部重大项目"浙江四明山区域槭树和樱花产业提升技术集成与示范"（2012年）、中央农业科技成果转化项目"金叶槭树新品种中试及产业化示范"（2014年）、宁波市农业重大专项"槭树特色景观树种良种选育与产业化开发"（2014年）、国家林业局林业行业标准修（制）订项目"秀丽槭育苗技术规程"（2015年）、国家星火计划项目"优良观赏树种金叶鸡爪槭良种示范与推广"（2015年）、宁波市科技富民项目"秀丽槭造型技术开发与产业化示范"（2016年）、宁波市2025现代种业专项"槭树新品种选育与良种高效栽培技术与示范"（2019年）、宁波市农业农村局农业技术推广项目"槭树新品种'四明玫舞'与省良种'流泉'技术推广"（2019年）。研究团队面向国内外日积月累收集了60多个原种和400多个园艺品种，于2014年10月出版了《槭树种质资源与栽培技术研究》（科学出版社）一书，主要探讨槭树科种质资源的收集与整理、高观赏性与适应性品种的筛选、良种的扩繁和推广、高效栽培技术与示范、病虫害有效防治等问题。三年之后，2017年6月出版了《观赏槭树品种图谱》（浙江大学出版社）一书，撷取181个品种，展示了品种的春色或秋意。两本书中虽然存在许多错漏不当之处，但得到读者包容，依然获得了读者的好评，收到了许多槭树爱好者的鼓励。这些成为本书出版的动力之源。原计划自2017年开始用三年时间积累，于2020年出版本书，但由于新冠疫情，现场生物学特性观测、照片拍摄等都受到很大影响。疫去春来，迟到了三年，本书总算完稿。

　　近三年来，五彩缤纷、婀娜多姿的槭树园艺品种不经意间已成为人民群众所喜爱的一类绿植，涌现出一批"槭树"生产商、电商，也涌现出一批"槭树"爱好者。本书基于研究团队收集并建立的槭树种质资源保存基地的种质资源，剔除原有已撰写出版的品种，选择了183个品种，其中还展示了国内自主培育的秀丽槭、鸡爪槭、三角槭等22个园艺新品种，以彩色图册的形式与大家分享槭树园艺品种的风采。本书为槭树科丰富多彩的园艺品种生产、应用提供一些参考，也为广大"槭树"爱好者提供品鉴。

槭树品种在相同季节相同时点上不同个体的色彩存在较大差异，露地栽培与设施栽培的个体受光照等影响色彩表现差异也较大。因此，作者实际拍摄的时间节点不能完全代表该品种的全部色彩表现，望读者知悉，并给予谅解。

本书品种类型划分主要从色彩角度考虑，且主要依据为春季色彩，并非树木学角度的分类，特此说明。在撰写过程中，常常遇到一个拉丁名品种有多个中文翻译名的困扰，虽然作者经过多方查阅资料、文献，进行实物比对，仍然可能存在错漏之处；也常遇到"锦"类品种返祖或由于时间节点原因未能拍摄到"锦"的情形；此外，因浙江秋季气温、降雨、风等无规律性变化，许多品种未能提供秋季色彩的照片。在此，也请读者谅解，后续作者努力争取编写一部更准确、丰富、典型的槭树品种图册，欢迎大家提供宝贵的修改意见或提供有关品种典型的图片。

由衷感谢宁波市科学技术局长期以来对于槭树科领域研究开发、产业示范、推广应用等工作的大力支持！对宁波城市职业技术学院一直以来给予的科研支持，表示最诚挚的谢意！对淳安县千岛湖林场槭树种质资源基地王晖场长、宁海县力洋镇野村苗木专业合作社叶国庆社长等提供的帮助，表示深深的谢意！十分感谢江苏农业科学院李淑顺研究员、江苏林业科学院研究院窦全琴研究员、溧阳映山红花木园艺有限公司陈惠忠总经理慷慨地为本书提供自主培育的新品种的资料。感谢宁波城市职业技术学院商学院摄影工作室史勤波老师及其带领的李玥玥、顾子成、陈浩楠、冯粤桂、王士超、王淇辉、陈波、张惠傑等同学拍摄的近万张照片，为本书撰写提供了极大帮助。限于作者水平，书中错漏与不当之处在所难免，望各位同行学者给予殷切批评和指正，我们会继续努力！

作者

2023 年 7 月于浙江宁波

目 录

绿叶类

小公主

Acer palmatum Little princess

品种简介：叶片5裂，裂片较深，裂至基部三分之二左右处。新枝红褐色，成熟枝灰绿色；新叶橘黄色，边缘带红晕，成熟叶绿色，秋季变为黄色和橙色。基部心形，叶缘有锯齿；萌枝性强，树形较小，枝叶茂密，株形紧密，叶片抗灼伤能力较强。

春叶

展叶期

夏梢

夏新枝

春枝

新叶

植株（初夏）

夏初叶

变绿

Acer palmatum Going green

品种简介：叶片7裂，裂片较深，裂至基部三分之二左右处。新枝浅黄绿色，成熟枝绿色；新叶浅黄绿色，夏梢新叶黄色，叶缘微带红色，成熟叶绿色。基部心形，叶缘有粗锯齿；萌发能力强，枝叶茂密，叶片抗灼伤能力强。

新叶

春叶

新枝

夏初叶

夏季新梢

夏季新梢新枝

多年生干

瀑布翡翠

Acer palmatum Cascade emerald

品种简介：叶片7裂，深裂至基部或近基部。新枝红褐色，春枝黄绿色，成熟枝绿色，枝条下垂，树形与流泉相似；新叶橙黄色，叶边缘有红晕，春叶、成熟叶绿色或墨绿色，夏梢新叶橙黄色。叶片基部心形，叶缘有锯齿；叶片抗灼伤能力较强，生长速度较快。

幼叶

新叶

春叶

春枝

夏初枝

夏叶

夏梢

枝条下垂

滨野丸

Acer palmatum Hamano maru

品种简介：鸡爪槭品种，东京八房的变种，落叶小乔木。叶掌状5深裂，叶裂片的中央裂片较短，叶缘有锯齿。春叶黄绿色，叶尖周围红褐色；夏叶绿色；秋叶渐变为红色。两年生枝条生长季红紫色，多年生枝条生长季褐绿色。

秋叶

展叶期

展叶期

新叶

春叶

二年生枝条

多年生枝条

赤芽大盃

Acer palmatum Osakazuki akame

品种简介：鸡爪槭品种，大盃的变种，落叶小乔木。单叶对生，叶掌状7深裂，叶裂片几乎全裂，裂片边缘有锯齿。当年生枝条生长季红紫色。新叶红色，后渐变为绿色染有红褐色；春季成熟叶黄绿色；夏叶绿色；秋叶渐变为深红色。

新枝

展叶

新叶

春叶

夏叶

当年生枝条

二年生枝条

大的

Acer palmatum Omato

品种简介：鸡爪槭品种，落叶小乔木。单叶对生，叶掌状7深裂，裂片边缘有锯齿。新叶红褐色，后渐变为黄绿色，叶尖红褐色；春叶黄绿色转绿色；夏叶绿色；秋叶渐变为橙红色。叶基部心形，叶片抗灼伤能力较强。

叶形

展叶期

新叶

春叶

春末叶

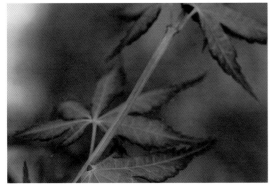

当年生枝条

多年生枝条

大泷

Acer japonicum Otaki

品种简介： 羽扇槭品种，落叶乔木。单叶对生，叶掌状 11～13 中裂，叶缘有粗锯齿。新叶黄绿色，被白色柔毛；春叶绿色；夏叶绿色；秋叶渐变为红色。

芽萌发

新叶

展叶期

春叶

夏叶

果

当年生枝条与花序

多年生枝条与幼果

东北七变化

Acer palmatum Tohoku shichi hennge

品种简介：鸡爪槭品种，落叶小乔木。单叶对生，叶掌状5～7深裂，裂片边缘有锯齿。春叶黄绿色、叶缘红色，夏叶绿色，秋叶红色。

新叶

春叶

花枝

花

当年生枝条

二年生枝条

果

夏枝叶

关西明乌

Acer amoenum Kansai akagarasu

品种简介：落叶小乔木，叶掌状7～9深裂，叶缘有锯齿。春叶黄绿色，叶脉红褐色，夏叶绿色，秋叶橙红色。叶基部心形，叶片抗灼伤能力较强。

展叶期

植株

新叶

当年生枝条

春叶

花枝

夏初叶

果

秋叶

鹤

Acer palmatum Tsuru

品种简介：鸡爪槭品种，落叶小乔木，叶5深裂，叶缘有粗锯齿。新叶淡红色，叶脉黄绿色；春叶黄绿色，夏叶绿色，秋叶渐变为红色。

展叶期

新叶

花枝

春叶

春末叶

二年生枝条

果

东京八房

Acer palmatum Tokyo yatsufusa

品种简介：鸡爪槭品种，落叶小乔木，叶掌状7深裂，叶缘有锯齿。春叶黄绿色，叶尖呈赤茶色；夏叶绿色，秋叶橙红色。

展叶期

新叶

二年生枝条

花枝

多年生枝条

春叶

鸡冠山

Acer japonicum Keikan zan

品种简介：羽扇槭品种，落叶小乔木，叶11深裂，叶近圆形，叶缘有粗锯齿。新叶早春萌发，被满白色柔毛，后渐渐脱落；春叶黄绿色，夏叶绿色，秋叶橙红色。

展叶期

春叶

春末叶

夏初叶

幼果

当年生枝条

剑 舞

Acer amoenum Ken bu

品种简介：落叶小乔木，叶5～7裂，叶裂深达叶基部或近基部，裂片边缘有锯齿。新叶赤茶色，春叶黄绿色、叶尖赤茶色，夏叶绿色，秋叶渐变为红色。

萌动期

展叶期

新叶

春叶

二年生枝条

多年生枝条

夏叶

克里普斯

Acer palmatum Crippsii

品种简介：鸡爪槭品种，落叶小乔木。单叶对生，叶掌状5深裂，裂片边缘有锯齿。新叶黄绿色、叶尖红褐色，春叶黄绿色，夏叶绿色，秋叶渐变为橙红色。多年生枝条生长季黄绿色。

展叶期

新叶

春叶

春末叶

秋叶

夏叶

多年生枝条

阔叶山槭

Acer matsumurae Hiroha yamamomi ji

品种简介：落叶小乔木，叶7～9中裂，叶缘有锯齿。发芽稍晚，叶型较大。新叶早春萌发被满白色柔毛，后渐渐脱落；春叶黄绿色，夏叶绿色，秋叶橙黄色。

花枝

展叶期

夏叶

春叶

果

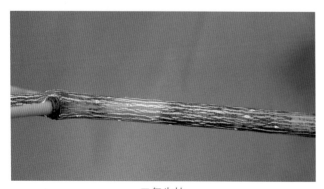

二年生枝

植株

鹿岛八房

Acer palmatum Kashima yatsufusa

品种简介：鸡爪槭品种，落叶小乔木，植株较矮小，可修剪成球形，适宜做盆景或盆栽，亦适合做球。单叶对生，叶掌状7深裂。新叶黄色、叶缘橙红色，春叶黄绿色渐变为绿色，夏叶绿色，秋叶渐变为橙黄色。

新叶　　　　　　春叶

展叶期　　　　二年生枝条　　　　多年生枝条

花枝

植株（夏初）

果

美岛绿

Acer amoenum Kawahara midori

品种简介：鸡爪槭品种，落叶小乔木。单叶对生，叶掌状7深裂。新叶黄绿色，春叶绿色，夏叶中绿色，秋叶渐变为橙黄色。叶基部心形，长势旺，叶片抗灼伤能力较强。

展叶期

花

新叶

春叶

秋叶

当年生枝条

多年生枝条

美山

Acer amoenum Miyama

品种简介：落叶小乔木，单叶对生，叶掌状5深裂，叶裂片边缘锯齿状。新叶黄色、叶缘红褐色，夏叶绿色，秋叶渐变为橙红色。

展叶期

新叶

早春叶

春叶

夏叶

当年生枝条

鸣凤

Acer palmatum Meiho

品种简介：鸡爪槭品种，落叶小乔木。单叶对生，叶掌状5~7深裂。当年生枝条生长季红紫色，二年生枝条生长季红紫色。新叶黄绿色、裂片边缘带有红色的边晕；春叶黄绿色，夏叶绿色，秋天叶子橙黄色。

新叶

春初叶

春季成熟叶

春叶

夏叶

当年生枝条

二年生枝条

帕提弗

Acer shirasawanum Palmatifolium

品种简介：白泽槭品种，落叶小乔木，叶9～11深裂，叶缘有粗锯齿。新叶黄色，叶尖橙红色；春叶黄绿色，夏叶绿色，秋叶橙黄色。叶基部心形，叶片抗灼伤能力较强。

新叶

春叶

春末叶

花枝

幼果

多年生枝条

琴姬

Acer palmatum Kotohime

品种简介：鸡爪槭矮小品种，落叶小乔木，植株较矮小，叶子较小，适合盆栽或做球。叶掌状5～7裂，叶裂片边缘有锯齿。新叶黄色，裂片边缘带有红褐色的边晕；夏叶绿色，秋叶橙黄色。

新叶

新叶

春叶

夏叶

多年生枝条

夏梢叶

琴丸

Acer palmatum Kotomaru

品种简介：鸡爪槭品种，落叶小乔木，植株较矮小，可修剪成球形，适宜做盆景。单叶对生，叶掌状5深裂，小叶矮性中裂片较短。新叶黄绿色，叶尖茶色；春叶黄绿色，夏叶中绿色，秋叶渐变为黄色。

展叶期

幼叶

新叶

春叶

春末叶

夏叶

老枝

夏梢叶

青玄

Acer palmatum Seigen

品种简介：鸡爪槭品种，落叶小乔木。单叶对生，叶掌状5~7深裂，叶缘有锯齿。新叶红色，春叶绿色，叶缘略有红褐色边晕；夏叶绿色，秋叶渐变为橙红色。

春叶

展叶期

新叶

当年生枝条

春末叶

夏初叶

多年生枝条

石化八房

Acer palmatum Sekka yatsufusa

品种简介：鸡爪槭品种，落叶小乔木，生长紧密茂密，适宜做盆景。该品种节间长度很短，单叶对生，叶子沿着茎束成一束，叶掌状5深裂。新叶黄绿色，叶尖茶色；春叶黄绿色，夏叶中绿色，秋叶渐变为红色。

秋叶

芽萌动期

展叶期

花序与花

春叶

当年生枝条

多年生枝条

曙

Acer palmatum Akebono

品种简介：鸡爪槭品种，落叶小乔木。单叶对生，叶掌状5～7深裂，裂片边缘有粗锯齿。当年生枝条生长季红紫色，二年生枝条生长季红紫色。春天新叶为鲜艳的红色，叶脉黄绿色；之后叶变成绿色，夏叶绿色，秋叶紫红色。

新叶

新叶

春叶

秋叶

花序与花

当年生枝条

二年生枝条

水潜

Acer amoenum Mizu kuguri

品种简介：落叶小乔木，单叶对生，叶掌状7深裂，叶裂片边缘锯齿状。新叶橙红色，后渐变为黄绿色周围红褐色；夏叶绿色，秋叶渐变为橙红色。

春枝新叶

新叶

春叶

春叶

夏叶

当年生枝条

二年生枝条

松枫

Acer matsumurae Matsu kaze

品种简介：落叶小乔木，树枝层叠，非常优雅。单叶对生，叶掌状5～7深裂，裂片几乎裂到叶基。早春出芽时叶子呈红褐色，后渐变为黄绿色且周边残留红褐色；夏叶变成绿色，秋叶渐变为橙红色。

展叶期

新叶

花序与花

夏叶

新枝

果

秋叶

向笠

Acer palmatum Muko gasa

品种简介：鸡爪槭品种，落叶小乔木。单叶对生，叶掌状7～9深裂，裂片边缘有锯齿。新叶黄绿色，叶尖茶色；春夏叶绿色，秋叶渐变为橙黄色。

展叶期

花枝

春叶

秋叶

植株

当年生枝条

二年生枝条

果

小仓山

Acer shirasawanum Ogura yama

品种简介： 白泽槭品种，落叶小乔木，叶掌状7～11深裂，叶缘有粗锯齿。春叶黄绿色，夏叶绿色，秋叶渐变为橙黄色。树形优美，叶片抗灼伤能力强。

春叶

春叶

展叶期

秋叶

植株

当年生枝条

果实

小青姬

Acer palmatum Kiyo hime

品种简介：鸡爪槭品种，落叶小乔木，植株分枝较密，植株较矮小，适合盆栽或做球。叶掌状5裂，叶裂片边缘有粗锯齿。新叶黄色裂片边缘带有红色的边晕；夏叶绿色，秋叶橙红色。

幼叶

新叶

春叶

夏叶

新枝

叶形

盆栽

衣笠山

Acer sieboldianum Kinugasa yama

品种简介：小叶团扇槭品种，落叶小乔木，叶7~9中裂，叶缘有锯齿。新叶早春萌发被满白色柔毛，后渐渐脱落；春叶黄绿色，夏叶绿色，秋叶橙红色。

芽萌发期

花序与花

展叶期

秋叶

春叶

夏初叶

果

多年生枝条

宇陀

Acer palmatum Uda

品种简介：鸡爪槭品种，落叶小乔木，叶7深裂，叶缘有锯齿。春叶黄绿色、边缘红褐色，夏叶绿色，秋叶渐变为红色。

萌芽期

新枝新叶

新叶

当年生枝条

花序与花

夏初叶

春叶

植株

紫青姬

Acer palmatum Murasaki-kiyohime

品种简介： 鸡爪槭品种，落叶小乔木。叶掌状5～7裂，新叶黄色，裂片边缘带有赤茶色和棕色的边晕；夏叶绿色，秋天叶子橙红色。从新叶开始，春、夏、秋不同季节色彩变换丰富且靓丽，枝叶茂密，耐修剪，易成球形，具有极高观赏性；生长速度较慢，性状稳定，适应性强。

新叶　　　　　　　　　　　　　　　　　　春叶

夏初叶　　　　　　　　　　　　　　　　　秋叶

新枝新叶　　　　　　　　　　　当年生枝条

多年生枝条

五月红

Acer palmatum Satsuki-beni

品种简介：叶片5~7裂，裂片较浅，裂至基部二分之一到三分之一。新枝红褐色，成熟枝红褐色；春叶绿色且叶边缘带赤茶色，或由叶柄向外绿色渐渐增强至赤茶色，夏梢新叶浅红色，成熟叶绿色。叶基心形，叶缘有细锯齿；叶片抗灼伤能力强。

新枝

花

夏梢

夏叶

果

春叶

嫁接苗（5月）

五色琴姬

Acer palmatum Goshiki kotohime

品种简介：叶片5裂，裂片较深，裂至三分之一到四分之一。新枝浅黄色，老枝灰绿色，多年生枝灰白色；新叶绿色、边缘带浅红色，成熟叶绿色；夏梢叶浅黄色。叶基心形，叶边缘有锯齿；叶片小、节间距小，生长速度慢，适宜做球或盆景素材；叶片抗灼伤能力较强。

新叶

植株

春叶

夏叶

夏梢

新枝

南京八房

Acer palmatum Nankin yatsufusa

品种简介：叶片5裂，裂片较深，裂至三分之一。新枝红褐色，成熟枝灰褐色；春叶绿色、边缘带红色，成熟叶绿色。叶片基部心形，叶缘有细锯齿；叶片较小，枝叶茂密，适宜成球；叶片抗灼伤能力较强。

新叶

春叶

新枝

果

植株

夏梢

天女之舞

Acer palmatum Tennyo no mai

品种简介：叶片7裂，裂片较深，裂至二分之一到三分之一。新枝红褐色，成熟枝灰绿色；春叶绿色，成熟叶绿色；夏梢叶浅黄色。叶片基部近截形，叶缘有细锯齿。长势较旺盛，叶片抗灼伤能力较强。

春叶

春枝

夏枝

夏梢

果

植株

辰头

Acer palmatum Tatsu gashira

品种简介： 叶片5裂，裂片深裂，裂至三分之一到二分之一。新枝黄绿色，成熟枝灰绿色；春叶橘红色，成熟叶绿色。叶片基部心形，叶缘有细锯齿。叶片较小，枝叶茂密，节间距小，生长速度慢，易成球形；叶片抗灼伤能力较强。

新叶

春叶

植株

夏叶

新枝

多年生树干

一行寺

Acer palmatum Ichigyoh-ji

品种简介：叶片7裂，裂片深裂，裂至基部三分之一到四分之一处。新枝浅黄色，成熟枝黄绿色；幼叶、新叶黄色，春叶、夏叶绿色，夏梢叶橙黄色，秋叶橙黄色。叶片基部心形，叶缘有粗锯齿；叶片向上翻卷，抗灼伤能力强。

新叶

幼叶

春叶

春枝

夏梢叶

花序与花

果

夏叶

真间

Acer palmatum Mama

品种简介：叶片5裂，裂片较深，裂至三分之一到二分之一左右。新枝红色，成熟枝灰绿色；春叶浅黄色，叶缘带一点橙红色，成熟叶绿色。叶片基部心形，叶缘有细锯齿；生长旺盛，叶片抗灼伤能力强。

花

春叶

夏叶

春果

夏果

多年生枝干

植株

十二单衣

Acer shirasawanum Juhni hitoe

品种简介：叶片9～13裂，裂片较浅，裂至三分之二左右，呈团扇形。新枝灰绿色，成熟枝干灰白色；新叶绿色，春叶和成熟叶绿色，夏梢叶浅黄色。叶片基部心形，叶缘有细锯齿；叶片中等，叶片抗灼伤能力较强。

春叶

夏叶

果

夏梢

多年生枝干

植株

春枝

阳炎

Acer palmatum Kage rou

品种简介：鸡爪槭品种，叶片7裂，裂片较深，裂至三分之一到四分之一处。新枝红褐色，成熟枝绿色；春叶黄绿相间，成熟叶绿色。叶片基部心形，叶缘有细锯齿；叶片抗灼伤能力强。

花芽

幼叶

新叶

夏枝

夏叶

果

植株

春叶

新枝

星屑

Acer palmatum Hoshi kuzu

品种简介：叶片5～7裂，裂片较深，裂至三分之一左右。新枝红褐色，成熟枝灰绿色；新叶浅黄色，春叶黄绿色，成熟叶绿色或绿色边缘带有浅黄色，或沿中间叶脉两侧分别为绿色和浅黄色，夏梢叶黄色。叶片基部心形或近截形，叶缘有细锯齿；叶片较小，茂密；叶片抗灼伤能力较强。

新叶

花枝

春叶

夏叶

春枝

叶形

夏梢

明星

Acer palmatum Muka

品种简介：叶片5~7裂，裂片较深，裂至三分之一左右。新枝红褐色，成熟枝灰绿色；春叶绿色中夹带紫红色，成熟叶绿色，夏梢叶红色。叶片基部心形或截形，叶缘有细锯齿；果翅向内弯曲，春夏红色；叶片抗灼伤能力较强。

果（春）

果（夏）

春叶

春枝

夏梢

多年生枝干

植株

日轮

Acer palmatum Nichirin

品种简介：叶片7裂，裂片较深，裂至二分之一到三分之一处。新枝黄绿色，成熟枝灰绿色；新叶浅黄色中带点红色，春叶绿色中夹带浅紫红色，成熟叶绿色。叶片基部心形或近截形，叶缘有细锯齿；叶片抗灼伤能力较强。

花

新叶

春叶

新枝新叶

夏叶

果

植株

姬爪柿

Acer palmatum Tsuma gaki

品种简介：叶片7裂，裂片较深，裂至二分之一左右。新枝红褐色，成熟枝暗红色；新叶绿色，叶尾尖处略带紫色，叶片及叶柄被白色柔毛；春叶浅黄色，叶缘带玫红色，成熟叶绿色；夏梢叶红色。叶片基部心形，叶缘有细锯齿；叶片抗灼伤能力较强。

春叶　　　　　　　　　　　新叶

花　　　　　　　　　　　果

夏梢叶（俯瞰）　　　　　夏叶　　　　　　　夏梢叶

三方锦

Acer palmatum Mikata-nishiki

品种简介：叶片5~7裂，裂片深裂，裂至基部三分之一至五分之一处。新枝红褐色，当年生枝绿色，老枝灰绿色；春叶紫红色，叶缘有红色锦；夏叶绿色，夏梢叶酒红色。叶片基部截形或近截形，叶缘有细锯齿；叶抗灼伤能力强。

果

春叶

春末叶

夏叶

夏梢叶

植株

近江锦

Acer Palmatum Omi nishiki

品种简介：叶片7~9裂，裂片深，裂至基部或近基部。新枝紫红色，成熟枝绿色；新叶黄绿色，春叶绿色带有橙红色斑纹；夏叶绿色，夏梢叶橘红色；秋叶红色。基部心形，叶缘有锯齿；叶片抗灼伤能力较强。

花序与花

芽萌发

新叶

春叶

夏叶

新枝

夏梢叶

紫红叶类

红酒

Acer conspicuum Redwine

品种简介： 叶片7裂，裂片较深，裂至基部五分之三处。新枝红色，成熟枝红褐色；新叶酒红色，春叶紫红色，成熟叶绿色。基部心形，叶缘有粗锯齿；萌发能力强，枝叶茂密，叶片抗灼伤能力较强。

夏初新梢

新叶　　　　　　　　春叶

嫁接苗夏初　　　　　　　　初春叶

夏枝叶　　　　　　　　春末叶　　　　　　　　新枝

黑色蕾丝

Acer palmatum Black lace

品种简介：叶片7裂，裂片深裂，裂至基部。新枝暗红色，成熟枝红褐色；新叶暗红色，夏梢新叶红色，成熟叶紫黑色。叶基心形，叶缘有锯齿且比较深；叶片抗灼伤能力强。

新叶

春叶

夏初新梢

春枝

夏新梢枝叶

成熟叶

嫁接苗（6月）

小红

Acer palmatum Little red

品种简介：叶片5～7裂，裂片较深，裂至基部四分之一到三分之二处。新枝红色，老枝红褐色；新叶红色，春叶紫红色，夏新梢叶暗红色，成熟叶绿色。叶片基部心形，叶缘有细锯齿；叶片较小，中间裂叶片长度偶有不突出；叶片抗灼伤能力较强。

春叶

夏梢叶

二次萌叶(6月)

春枝

多年生枝干

新叶

夏叶　　　　　新枝　　　　　植株

佩韦戴夫

Acer palmatum Pevé Dave

品种简介：叶片5～7裂，裂片深，裂至基部五分之一或近基部处。春叶裂片细长，近条形，叶基近截形；新老枝红褐色；新叶红色，成熟紫红色。叶片基部截形或心形，叶缘有细锯齿；生长速度中等，树形较紧凑，叶片抗灼伤能力较强。

春叶

新初叶

春枝

新叶

夏季新梢

夏叶

新枝

金雀扫帚

Acer palmatum Skeeter's broom

夏新梢

品种简介：叶片5~7裂，裂片深裂，裂至基部五分之四处或基部。新枝红褐色，成熟枝红褐色；新叶鲜红色，春叶橙红色，夏梢新叶橙红色，成熟叶紫绿色。部分叶片中间裂片较短，叶片基部心形，叶缘有细锯齿；株形比较紧密，叶片抗灼伤能力较强。

幼叶

夏叶

春叶

新叶

春枝

中间裂片叶形

红哨兵

Acer palmatum Twombly's red sentinel columnar

品种简介：叶片5~7裂，裂片较深，裂至基部四分之一到三分之二处。新枝红色，老枝暗红色；新叶红色，夏梢新叶红色，成熟叶暗红或绿色。叶片基部心形，叶缘有细锯齿；叶片抗灼伤能力较强。

春枝

新叶

春叶

成熟叶

春叶

夏初新梢

夏季枝叶

嫁接苗初夏

海星

Acer palmatum Starfish

品种简介： 叶片7裂，裂片深裂，裂至基部五分之四左右处。新枝红色，成熟枝红褐色；新叶红色，春叶橙红色，夏梢新叶红色，上表面被毛，成熟叶褐绿色。叶片基部心形，叶缘有粗锯齿；叶片边缘向下翻转，形如海星；叶片抗灼伤能力较强。

新枝

新叶

春叶

新叶

夏梢

夏初叶

春枝

公主

Acer palmatum Nimura princess

品种简介：叶片7裂，裂片深裂，裂至基部五分之四或近基部。新枝绿色，成熟枝灰绿色；新叶暗红色，春叶橙红色，成熟叶绿色；新叶叶柄嫩黄色，成熟叶柄绿色。叶片基部心形或截形，叶缘有细锯齿；叶片较小，茂密；叶片抗灼伤能力较强。

新叶

春叶

新枝

花序与花

花枝

夏叶

植株

大潮红

Acer amoenum Oshio beni

品种简介： 落叶小乔木。单叶对生，叶掌状7深裂，裂片边缘有锯齿。当年生枝条生长季红褐色；新叶春叶红紫色，夏叶绿色，秋叶渐变为橙红色。叶片抗灼伤能力较强。

幼叶

新叶

花序与花

春叶

春叶

二年生枝条

夏叶

大镜

Acer amoenum O-kagami

品种简介：落叶小乔木。单叶对生，叶掌状5～7深裂。当年生枝条生长季红紫色，二年生枝条生长季褐绿色；春天新叶是浓浓的红色，春季成熟叶红紫色，夏叶墨绿色，秋叶红色。

新叶

幼叶

新枝

春叶春枝

当年生枝条

夏初叶

二年生枝条

展叶

峰定寺

Acer palmatum Bujo ji

品种简介：鸡爪槭品种，落叶小乔木，叶5深裂，裂至叶基部或近基部，叶缘有粗锯齿。叶基部心形，叶从春天开始就是浓郁的红褐色，秋叶渐变为红色。

芽萌发期

幼叶

展叶期

春末叶

新叶

春枝叶

植株

越后（原种）

Acer matsumurae Echigo

品种简介：叶片7～9裂，裂片较深，裂至基部三分之一左右处。新枝红褐色，老枝绿色；新叶、春叶绿色中带有酒红色，夏叶绿色，夏梢叶橘红色。基部截形或近截形，叶缘有细锯齿；叶片抗灼伤能力较强。

新叶

花序与花

春叶

夏梢叶

夏叶

新枝

多年生干

新枝与老枝

中之郷

Acer palmatum Naka no gou

品种简介：叶片5～7裂，裂片较深，裂至基部二分之一到三分之一处。新枝红色，老枝灰绿色；新叶、春叶橙红色，夏初叶浅黄色，叶缘有红晕，夏叶绿色，夏梢叶玫红色中带点绿色。基部心形，叶缘有细锯齿；叶片抗灼伤能力强。

春叶

花序与花

幼叶

新枝

夏初叶

萌芽

夏叶

夏梢叶

红千鸟

Acer palmatum Beni chidori

品种简介：鸡爪槭品种，落叶小乔木，植株分枝较密，叶较小，植株较矮小，适合做盆景或盆栽。叶掌状5深裂，叶裂片边缘有锯齿。新叶红色，春叶黄绿色、裂片边缘带有红褐色的边晕；夏叶绿色，秋天叶子渐变为红色。当年生枝条生长季红色，多年生枝条生长季红紫色。

新叶

春初叶

展叶期

春叶

叶形

当年生枝条

多年生枝条

惠特尼红

Acer amoenum Whitney red

品种简介： 落叶小乔木。单叶对生，叶掌状7深裂，裂片边缘有锯齿。春夏季叶片红紫色，秋叶渐变为红色。叶片抗灼伤能力较强。

展叶期

花序

幼叶

新叶

春枝

秋叶

新叶

春叶

加贺大红

Acer matsumurae Kaga o beni

品种简介：落叶小乔木，叶掌状7深裂，叶缘有锯齿。新叶红紫色、被有白色柔毛，后柔毛脱落；春叶紫红色，夏叶褐绿色，秋叶渐变为橙红色。当年生枝条生长季红紫色，多年生枝条生长季红紫色。

展叶期

新叶

花序与花

二年生枝条

新枝

春叶

春末叶

加州桂

Acer matsumurae Mirte

品种简介：落叶小乔木，叶7~9深裂，叶缘有粗锯齿。新叶深红色，叶脉黄绿色；春叶红褐色，叶脉黄绿色；夏叶绿色，叶脉黄绿色；秋叶渐变为橙红色。加州桂是一个非常有吸引力和不寻常的品种，能为花园增添不同的颜色。

花枝

春叶

夏叶

春末叶

秋叶

秋初叶

植株

果

凯拉

Acer amoenum Kyra

品种简介：落叶小乔木。单叶对生，叶掌状7深裂，裂片边缘有锯齿。新叶红色，春叶红紫色，秋叶渐变为橙红色。当年生枝条生长季黄绿色。

新叶

展叶期

春叶

夏初叶

秋叶

当年生枝条

千乙女

Acer palmatum Chi-otome

品种简介：鸡爪槭品种，落叶小乔木，叶5～7深裂，叶缘有粗锯齿。早春新叶淡红色，渐变为红色，后渐变为黄绿色且边缘橙红色；夏叶绿色；秋叶渐变为浓浓的红色。

幼叶

春叶

新枝

新叶

多年生枝条

花序与花

夏初叶

果

日出

Acer palmatum Hinode

品种简介： 鸡爪槭品种，落叶小乔木，叶掌状7深裂，叶缘有锯齿。春叶紫红色，夏叶绿紫色，秋叶橙红色。

春叶

萌芽期

展叶期

花序与花

秋叶

二年生枝条

果

多年生枝条

藤波

Acer palmatum Fujinami

品种简介：鸡爪槭品种，落叶小乔木。单叶对生，叶掌状5～7深裂，叶缘有锯齿。新叶红紫色，被明显的白色柔毛，后慢慢脱落；春季成熟叶紫红色；夏叶深褐色；秋叶渐变为深红色。

春叶

萌芽期

花序与花

二年生枝条

秋叶

多年生枝条

夏初叶

植株

御殿野村

Acer amoenum Goten nomura

品种简介：落叶小乔木。单叶对生，叶掌状5～7深裂。新叶红色，春叶紫红色，夏叶略显暗淡的绿褐色，秋叶渐变为深红色。一年生枝条生长季红紫色，多年生枝条生长季绿褐色。

新叶

新枝新叶

幼叶

一年生枝条

春叶

多年生枝条

夏叶

夏初叶

优雅

Acer shirasawanum Johin

品种简介：白泽槭品种，落叶小乔木，叶9深裂，叶缘有粗锯齿。新叶红色，春叶橙红色，春末叶至夏叶墨绿色，秋叶橙红色。叶基部截形或近截形，叶片抗灼伤能力较强。

春叶

新叶

春末叶

叶形

展叶期

当年生枝条

夏叶

浮墨

Acer palmatum Sumi -nagashi

品种简介：叶片7裂，裂片深裂，裂至近基部，7个裂片呈270°；新枝红褐色，成熟枝灰绿色；新叶暗红色，夏梢新叶红色，成熟叶深绿色。叶片基部心形，叶缘有锯齿；生长速度较快，节间距较大，株型比较开张。

新枝新叶

新叶

春叶

春枝

夏梢叶

植株

叶形

刈羽红

Acer matsumurae Kariba beni

品种简介：叶片7裂，裂片较深，裂至基部二分之一到三分之一处。新枝红色，老枝绿色；春叶深红色，夏初叶紫红色，成熟叶墨绿色，夏梢叶红色。叶片基部心形，叶缘有细锯齿；叶片抗灼伤能力强。

花序与花　　　　　　　　　　　　　　　　　春枝

春叶　　　　　　　　　　　果　　　　　　　　　　　夏初叶

夏梢叶

夏叶

植株

彩芳

Acer palmatum Saihou

品种简介：叶片7~9裂，裂片深裂，裂至基部五分之一到近基部。新枝紫红色，成熟枝红褐色到灰绿色；新叶紫红色，春叶紫红色，成熟叶绿色，夏梢叶红色，秋叶红橙色。裂片叶较小，叶片基部心形，叶缘有细锯齿；叶片抗灼伤能力较强。

花序与花

果

夏梢叶

夏枝叶

新叶

春叶

植株

塞娜

Acer palmatum Shaina

品种简介：叶片5裂，裂片深裂，裂至近基部。新枝红褐色，成熟枝暗红色；新叶红色，春叶紫红色，成熟紫黑色，夏梢叶红色。叶片基部截形或心形，叶缘有细锯齿；叶片抗灼伤能力较强。

春叶色

春叶

夏梢

夏梢叶（俯瞰）

枝与叶

春叶

夏叶

野村黄叶

Acer palmatum Nomura oyo

品种简介：叶片5~7裂，裂片较深，裂至基部三分之一到四分之一处。新枝黄绿色，成熟枝灰绿色；新叶紫红色，春叶橙红色，夏叶绿色，夏梢叶暗红色，秋叶黄色。叶片基部心形或截形，叶缘有细锯齿；叶片抗灼伤能力较强。

新叶

夏叶

春枝

春叶

果

夏梢叶

秋叶

植株

J J

Acer palmatum J J

品种简介： 叶片7裂，裂片深裂至基部。新枝红褐色，成熟枝灰绿色；新叶暗紫红色，春叶橙红色，成熟叶蓝青色。叶片基部心形，叶缘有细锯齿，叶片较大；叶片抗灼伤能力较强。

春枝叶

夏叶

夏枝

果

植株

春叶

春枝

濡鹭

Acer palmatum Nuresagi

品种简介：叶片5裂，裂片深裂，裂至基部五分之四处或基部。新枝红褐色，成熟枝暗红色；新叶橙红色，春叶紫红色，成熟叶绿色，夏梢叶红色。叶片基部心形，叶缘有锯齿；叶片抗灼伤能力较强。

新叶

春叶

夏梢叶

植株

夏叶

新枝

夕暮

Acer amoenum Yu gure

品种简介：叶片7裂，裂片较深，裂至基部三分之一到四分之一处。新枝褐红色，多年生枝灰白色；新叶紫红色，夏梢叶红色，成熟叶绿色，秋叶红色。叶基心形，叶缘有细锯齿；叶片抗灼伤能力较强。

春新枝

夏叶

夏梢

夏新枝

植株

春叶

果

玉姬

Acer palmatum Tama-hime

品种简介：叶片5～7裂，裂片较深，裂至基部三分之一到五分之一处。新枝褐红色，老枝朱红色，多年生枝灰绿色；新叶紫红色，春叶暗红色，成熟叶蓝绿色，夏梢叶红色。叶基截形或楔形，叶缘有细锯齿；叶片抗灼伤能力较强。

植株（俯瞰）

新叶

夏梢

夏叶

春叶

新枝

植株

十日町

Acer matsumurae Toka-machi

品种简介：叶片5裂，裂片深裂，裂至基部三分之一到五分之一处。新枝朱红色，成熟枝红褐色；新叶血红色，春叶绿色中带褐红色，成熟叶绿色，夏梢新叶砖红色。叶片基部心形，叶缘有锯齿；叶片抗灼伤能力较强。

新叶

春叶

新枝

夏叶

夏梢

植株

野迫川

Acer palmatum Nose gawa

品种简介：叶片7~9裂，裂片深，裂至基部或近基部处。新枝浅红色，成熟枝绿色；春叶浅赤茶色，成熟叶绿色，夏梢叶橘红色，秋叶红色。基部心形，叶缘有细锯齿；叶片抗灼伤能力较强。

夏梢

春叶

花序与花

新枝

夏叶夏枝

植株（俯瞰）

梅枝

Acer palmatum Ume-ga-e

品种简介： 叶片5～7裂，裂片较深，裂至基部二分之一左右处。新枝红褐色，成熟枝灰绿色；新叶、春叶深赤茶色，夏叶叶柄附近墨绿色，渐渐淡化为绿色，夏梢叶红色。叶片基部截形或近截形，叶缘有细锯齿；叶片抗灼伤能力较强。

展叶

春叶

新叶

夏梢叶

春枝叶

夏叶

七濑川

Acer palmatum Nanase-gawa

品种简介：叶片5～7裂，裂片较深，裂至基部三分之一到四分之一处。新枝红褐色，成熟枝灰绿色；春叶砖红色，夏初叶紫红色，成熟叶绿色。叶片基部楔形或截形，叶缘有细锯齿；叶片清秀，抗高温灼伤能力强。

花

新叶

春叶

夏初叶

夏叶

多年生树干

植株

金青玄

Acer palmatum Seigen aureum

品种简介：叶片5～7裂，裂片较深，裂至基部二分之一左右处。新枝红色，成熟枝紫红色；新叶橘红色，春叶橙黄色，成熟叶绿色，夏梢叶橙红色。叶片基部心形，叶缘有细锯齿；叶片抗灼伤能力较强。

花　　　　　　　　　　　　　　芽萌发

新叶　　　　　　　　　　　　　春叶

夏叶　　　　　　　　新枝　　　　　　　夏梢叶

余火

Acer palmatum Glowing embers

品种简介：鸡爪槭品种，落叶小乔木，叶5~7深裂，叶缘有粗锯齿。新叶红色，春叶紫红色，夏叶紫红色或绿色，秋叶火红色。

新叶

春枝

春叶

夏叶

秋叶

果

植株

杰尔施瓦茨

Acer palmatum Jerre Schwartz

品种简介： 叶片7裂，裂片深裂，裂至基部。新枝橙红色，成熟枝黄绿色；新叶橙红色，成熟叶绿色，初夏新梢叶红色或暗红色，秋叶红色。叶片基部心形，叶缘有细锯齿；叶片中偏小，节间距较小，枝叶茂密；叶片抗灼伤能力较强。

新叶

春叶

夏新梢叶

夏梢

新枝

初夏新梢叶

嫁接植株(6月初)

黄叶类

夏金

Acer palmatum Summer gold

品种简介： 叶片7裂，裂片较深，裂至三分之二。新枝、春枝红褐色，成熟枝绿色；新叶橙红色，春叶灰绿色至黄色，成熟叶黄绿色，秋天金黄色，带有橙色和红晕。叶片基部心形，叶缘有锯齿；叶片抗灼伤能力一般。

春叶

展叶期

新枝

新叶

春末叶

植株

春枝

月升

Acer shirasawanum Moonrise

品种简介：叶片呈团扇状，7~11裂，裂片较浅，裂至基部四分之一到三分之一处。新枝浅红色，成熟枝灰褐色，树干有斑纹；新叶红色，春叶砖红色，成熟叶浅黄色，有光泽感。叶片基部截形，叶柄有绒毛，叶缘有细锯齿，叶色持续时间长。叶片抗灼伤能力较强。

芽

植株

春叶

幼叶

展叶

春枝叶

初夏枝叶

春雨

Acer palmatum Harusame

品种简介：鸡爪槭系品种，落叶小乔木。单叶对生，掌状5～7裂，裂片较窄的椭圆形，先端长渐尖，边缘有粗锯齿。新叶黄绿色、边缘略带浅红色边晕，主脉为黄绿色；春叶黄绿色，夏叶渐渐变为绿色，秋天叶子变为红色。

花枝

当年生枝条

春叶

夏叶

深秋叶

幼果

展叶期

初秋叶

关之华严

Acer sieboldianum Seki no kegon

品种简介：小叶团扇槭品种，落叶小乔木，叶7深裂，叶缘有锯齿。新叶早春萌发被满白色柔毛，后渐渐脱落；新叶金黄色，春叶黄绿色，夏叶绿色，秋叶橙红色。树形飘逸，叶片抗灼伤能力较强。

展叶期　　　　　　　　　　　新叶

春叶　　　　　　　　　　　夏叶

当年生枝条　　　　果

植株　　　　　　　　　　　秋叶

大勇

Acer japonicum Taiyu

品种简介：羽扇槭品种，落叶小乔木，叶掌状7深裂，叶缘有粗锯齿。新叶早春萌发橙黄色且被满白色柔毛，春叶黄绿色，夏叶绿色，秋叶橙红色。

幼果叶

新叶

展叶期

春叶

春末叶

幼叶

新枝

约旦

Acer shirasawanum Jordan

品种简介：白泽槭品种，落叶小乔木，叶色靓丽。单叶对生，叶掌状9～11深裂，叶近圆形。早春嫩黄色，春叶黄绿色，夏叶绿色，秋叶渐变为橙红色。

幼叶　　　　　　　早春叶

春叶　　　　　　　秋叶

当年生枝条

花序

果

植株

橘色蕾丝

Acer palmatum Orange lace

品种简介： 叶片7裂，裂片深裂至基部。新枝橘黄色，春枝浅绿色，老枝红褐色；新叶橘黄色，成熟叶绿色，夏季新梢叶橘黄色。叶片基部心形，叶缘有锯齿；枝叶茂密，枝条微下垂；叶片抗灼伤能力较强，生长速度较快。

新叶　　　　　　　　　　　春叶

新枝　　　　　　　　　　　夏叶

嫁接植株(6月)　　　　　夏枝　　　　　　　　夏梢

金隐

Acer shirasawanum Aureum

品种简介：叶片呈团扇状，9~13裂，裂片较浅，裂至基部五分之一到四分之一处。新枝浅蓝色，被毛，成熟枝灰褐色，树干有斑纹；新叶黄色，叶边缘带浅红色，被毛，成熟叶浅黄色渐变黄绿色。叶片基部心形，叶缘有细锯齿；花朵紫中带红色，叶色持续时间长；叶片抗灼伤能力较强。

夏叶

幼叶

春叶

花

植株

果

大盃

Acer palmatum O sakazuki

品种简介：鸡爪槭品种，落叶小乔木。单叶对生，叶掌状7深裂，裂片边缘有锯齿。新叶黄绿色，叶尖红褐色；春叶黄绿色，夏叶绿色，秋叶渐变为红色。

萌芽期

幼叶

花序与花

新叶

春叶

多年生枝条

荒皮红叶

Acer palmatum Arakawa momiji

品种简介： 鸡爪槭品种，落叶小乔木，叶掌状5～7深裂，叶缘有锯齿。新叶红色，早春叶黄绿色、边缘红色，后渐变为黄绿色；夏叶绿色，秋叶渐变黄色。当年生枝条生长季紫红色，多年生枝条生长季红褐色。

展叶期

新叶

早春叶

春叶

当年生枝条

多年生枝条

笠田川

Acer amoenum Tatsuta gawa

品种简介：落叶小乔木。单叶对生，叶掌状5深裂，裂片边缘有锯齿。新叶黄绿色、叶尖茶色；春叶黄绿色；夏叶绿色，夏梢叶黄色，叶尖为玫红色；秋叶渐变为黄色。

花序与花

幼叶

夏梢叶

新叶

春叶

当年生枝条

夏叶

果

早乙女

Acer palmatum Saotome

品种简介：鸡爪槭品种，落叶小乔木，叶掌状5~7深裂，叶缘有锯齿。幼叶、新叶金黄色且边缘橙红色，春叶黄绿色且边缘红褐色，夏叶绿色，秋叶渐变为红色。

多年生枝条

展叶期

花序与花

新叶

春叶

幼叶

夏叶

果

北海道

Acer shirasawanum Ezo-no-o-momiji

品种简介：又称虾夷大叶红，羽团扇落叶小乔木，单叶对生，叶掌状9～13裂，裂片中等，裂至二分之一左右。春叶黄绿色，叶缘略带红色；夏叶墨绿色中略带浅黄色，夏末逐渐转为浅黄色，夏梢叶黄色。叶基部心形，叶缘有细锯齿；叶片抗灼伤能力较强。

春初叶

果

新枝

春叶

夏初叶

夏叶

植株

黄金瀑布

Acer palmatum Golden falls

品种简介：叶片5～7裂，裂片深裂，裂至基部三分之一到四分之一处。新枝橙红色，成熟枝浅黄色，枝条自然下垂；新叶浅红色，春叶黄色，成熟叶绿色。叶片基部心形，叶缘有锯齿；枝条下垂飘逸，形如瀑布；叶片抗高温灼伤能力一般。

萌芽

新叶

早春叶

新枝叶

春叶

夏枝叶

高接（春）

桂锦

Acer palmatum Katsura nishiki

品种简介： 叶片7裂，裂片较深，裂至基部三分之一左右。新枝红褐色，成熟灰绿色；春叶浅黄色，成熟叶绿色或绿色中带有浅黄色锦；夏梢叶黄色；秋叶赤红色。叶片基部心形，叶缘有粗锯齿；叶片抗灼伤能力较弱。

芽　　　　　　　　　　春叶

夏叶　　　　　　　　　　新枝

夏梢叶　　　　　　　　夏梢叶　　　　　　　　植株

荷仙

Acer matsumurae Peve muliticolor

品种简介：叶片5～7裂，裂片较深，裂至基部二分之一左右处。新枝浅黄色，成熟枝暗红色；春叶黄色，叶缘略带红色，成熟叶绿色中略带浅黄色斑纹；夏梢叶红色。叶片基部心形，叶缘有细锯齿；叶片抗灼伤能力较强。

芽萌发

夏梢叶

夏初叶

新枝

春叶

新枝叶（夏）

夏叶

夏叶（俯瞰）

山孔雀

Acer matsumurae Yama kujaku

品种简介： 叶片5~7裂，裂片较深，裂至基部三分之一到四分之一处。新枝紫红色，成熟枝红色，老枝灰绿色；新叶黄色，叶缘略带红晕；春叶黄色，成熟叶绿色。叶片基部近截形，叶缘有细锯齿；叶片抗灼伤能力较强。

新枝

幼叶

春叶

夏枝

夏叶

夏梢

植株

待宵

Acer palmatum Matsu-yoi

品种简介： 叶片7裂，裂片较深，裂至基部三分之一至四分之一处。新枝黄绿色，春枝红褐色，夏枝灰绿色；春叶浅黄色，夏叶绿色。叶片基部心形，叶缘有细锯齿；叶片抗灼伤能力强。

幼叶

夏叶

春叶

春枝

夏枝

果

安妮艾琳

Acer palmatum Anne Irene

品种简介： 叶片5～7裂，裂片较深，裂至三分之二到五分之四，或达基部，裂片呈不规则不整齐形状。新枝朱红色，成熟枝红褐色；新叶浅黄色，成熟叶黄绿色，夏梢新叶黄绿色且边缘有红晕。叶片基部心形，叶缘有锯齿，成熟叶叶缘锯齿呈不规则形状；萌发能力强，叶片抗灼伤能力较强。

新叶　　　　　　　　　　　　　　　春枝

春叶　　　　　　　　　　　　　　　新枝

夏新梢　　　　　　　植株（初夏）　　　　　　植株（春）

魔幻珊瑚

Acer palmatum Coral magic

品种简介：叶片5~7裂，裂片较深，裂至基部三分之一到四分之一处。新枝红色，老枝绿色；幼叶、新叶橙黄色，春叶叶缘有红晕，夏叶绿色，夏梢叶酒红色。基部心形或近截形，叶缘有细锯齿；叶片抗灼伤能力较强。

花　　　　　　　　　　　　　　　　　　　　　　　幼叶

展叶期　　　　　　　　　　　　　　　　　　　　　春叶

植株　　　　　夏梢叶　　　　夏叶

　　　　　　　新枝　　　　　果

斑脉叶类

宝贝精灵

Acer palmatum Baby ghost

品种简介： 鸡爪槭斑脉品种，落叶乔木。叶掌状7～9深裂，叶缘有锯齿。早春新叶紫红色，叶脉红褐色；春叶红粉色，叶脉黄绿色；秋叶紫红色。二年生枝条红褐色，多年生枝条红褐色。

新叶　　　　　　　　　　春初叶

春叶　　　　　　　　　　夏初叶

二年生枝条　　　　　　　　多年生枝条

第一精灵

Acer palmatum First ghost

品种简介： 鸡爪槭斑脉系品种，落叶乔木。叶
掌状7深裂，叶缘有锯齿。春天叶子呈亮白色
至奶油色，叶尖红紫色，叶子内部有黄绿色的
叶脉；夏叶黄绿色，叶脉绿色；秋叶橙黄色。
当年生枝条生长季褐绿色。

展叶期

新叶

芽萌发

春叶

夏叶

初秋叶

深秋叶

当年生枝条

琥珀精灵

Acer palmatum Amber ghost

品种简介： 鸡爪槭斑脉类品种，落叶乔木。叶掌状 7~9
深裂，叶缘有锯齿。因新叶近琥珀色而得名。早春新叶
黄色，叶缘琥珀色，叶脉绿色；春叶黄绿色并染有红褐
色，叶脉黄色；夏叶绿色，叶脉黄绿色；秋叶红色。当
年生枝条生长季红紫色。

新叶

春初叶

夏初叶

春叶

花序与花

春末叶

当年生枝条

奶油桃子

Acer palmatum Peaches & Cream

品种简介：鸡爪槭斑脉品种，落叶小乔木，单叶对生，叶掌状7深裂。春叶奶黄色，边缘橙红色，叶脉黄绿色；夏叶奶白色，叶脉绿色；秋叶渐变为橙黄色。

展叶期

花序与花

春叶

果

二年生枝条

多年生枝条

夏初叶

夏叶

女神

Acer palmatum Ariadne

品种简介：鸡爪槭斑脉品种，落叶小乔木，叶片的色彩使其在枫树群中别具一格。春季新叶由红粉色至茶粉色，叶脉黄绿色；初夏浅绿色和淡白色，叶脉绿色；深秋浓红一片，冬季落叶。

展叶期　　　　　　　　　　　　　　　　新叶

花序与花

秋叶　　　　　　　　春叶　　　　　　　夏初叶

当年生枝条　　　　　　多年生枝条　　　　　　夏叶

鸭之星

Acer palmatum Shigi no hoshi

品种简介：鸡爪槭斑脉品种，落叶小乔木，叶掌状7深裂，叶缘有锯齿。春叶黄绿色，叶缘红色，叶脉绿色；夏叶奶黄色，叶脉绿色；秋叶黄色。

新叶1

新叶2

春叶1

春叶2

夏叶

二年生枝条

笠置山

Acer matsumurae Kasagi yama

品种简介：斑脉品种，落叶小乔木，叶掌状7~9深裂，叶缘有粗锯齿。春叶紫红色，叶脉紫褐色；夏叶绿色，叶脉黄绿色；秋叶红色。叶基部心形，抗高温灼伤能力较强。

展叶期

芽萌动期

春叶

多年生枝条

春叶

春枝

花序与花

秋叶

红叶笠

Acer shirasawanum Momiji gasa

品种简介：小叶团扇槭斑脉品种，落叶小乔木，春季萌芽非常漂亮。单叶对生，叶掌状7深裂。春叶从嫩芽开始持续紫红色，新叶红色叶脉紫褐色，成熟叶紫红色，叶脉紫褐色；夏叶深绿色；秋叶渐变为深红色。

展叶期

新叶

春叶

初夏枝叶

春芽

二年生枝条

多年生枝条

紫精灵

Acer palmatum Purple ghost

品种简介：叶片7裂，裂片较深，裂至基部二分之一到三分之一处。新枝褐红色，多年生枝灰绿色；脉状叶纹，新叶绿中不规则夹杂着紫红色，成熟叶绿色中夹杂着浅紫色；秋叶红色，色彩变幻丰富。叶基心形，叶边缘有细锯齿；叶片抗灼伤能力较强。

叶形

夏叶

多年生枝条

秋叶

果

夏梢叶

春叶

植株

异形叶类

赤七五三

Acer amoenum Aka no shichigosan

品种简介：鸡爪槭品种，落叶小乔木，叶片掌状5裂，叶深裂达叶基，裂片狭长，线形与披针形并存。春叶红紫色，夏叶茶绿色，夏梢叶红色，秋叶红色。叶基部心形或近截形，叶片抗灼伤能力较强。

春叶

萌动芽

老枝与新叶

展叶期

幼叶

夏叶

春枝春叶

夏梢叶

关西古琴线

Acer palmatum Kansai koto no ito

品种简介：鸡爪槭线叶品种，落叶小乔木，叶由5～7片狭长线形裂片组成，叶裂片深裂达叶基。相较于琴线，关西古琴线叶裂片更细更长。春叶黄绿色，夏叶绿色，秋叶橙红色。

芽萌动期

展叶期

二年生枝条

新叶

春枝

春叶

花序与花

果

庞克

Acer palmatum Pung kil

品种简介： 鸡爪槭品种， 落叶小乔木，叶掌状深裂，裂至叶基或近基部。叶裂片异型，披针形和线形并存，细长线形裂片5裂，披针形叶裂片5裂。 新叶红色，春叶紫红色，夏叶绿紫色，秋叶红色。

幼叶

新叶

春叶

春末叶

夏叶

果

植株

忍冈

Acer amoenum Shinobu ga oka

品种简介：落叶小乔木，叶掌状5深裂，几乎深裂达叶基。叶裂片异型，披针形和线形。春叶紫红色，夏叶绿色，秋叶红色。

芽萌动期

春叶

夏叶

展叶期

二年生枝条

花枝

多年生枝条

木棉志手

Acer palmatum Yu shide

品种简介：鸡爪械品种，落叶小乔木，叶特殊，像"羽衣"，裂片分开，叶裂片有大小无规则变化。春叶黄绿色，叶缘红褐色；夏叶绿色；秋叶深红色。

展叶期

春叶

春末叶

新枝叶

花序与花

果

多年生枝条

朱华羽衣

Acer palmatum Orange hagolomo

品种简介： 鸡爪槭品种，落叶小乔木，叶特殊，像"羽衣"，裂片分开，叶裂片边缘有锯齿。春叶黄色，叶缘橙红色；春叶黄色；夏叶浅绿色；秋叶橙红色。

展叶期

花序与花

新叶

春叶

春末叶

多年生枝条

龙爪

Acer sieboldianum Shoryu no tsume

品种简介： 叶片5裂，裂片深裂，裂至基部三分之二到五分之一处。新枝粉红色，成熟枝灰绿色；新叶绿色，春叶和成熟叶绿色；叶片基部楔形，中间裂片较长，叶色清秀，叶形似龙爪，叶缘有锯齿；叶片抗灼伤能力强。

春叶

果

夏梢叶

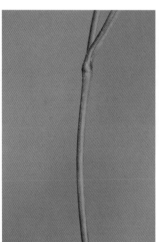

春枝

夏叶

多年生树干

植株

高砂

Acer matsumurae Takasago

品种简介：叶着生方式特殊，3～7个叶片簇生在一起，叶着生方式和腰衰品种相似。新枝红褐色，成熟枝灰绿色；新叶和春叶橙黄色，成熟叶绿色；夏梢叶黄色；单叶片披针形，叶缘有粗锯齿；叶片抗灼伤能力较强。

新叶	春叶

叶着生方式	夏梢叶	叶片

春枝叶	夏枝叶	植株

多彩叶类

红色火烈鸟

Acer conspicuum Red flamingo

品种简介： 叶片卵圆形或3～7裂，裂片较浅，裂片有不规则锯齿。新枝红色，老枝灰绿色，多年生枝干有斑纹；叶片较大，新叶铁锈色，春叶复色，绿色中不规则分布玫红色斑块，成熟叶绿色或绿色中不规则分布白色斑块，叶边缘有玫红色分布。叶基心形或近截形；新叶叶柄红色，节间距较大；叶片抗灼伤能力一般。

春叶

枝干

夏初叶

新叶

新枝

夏叶

幼叶

嫁接苗

盛典

Acer palmatum Extravaganza

品种简介：叶片7裂，裂片深裂，裂至基部或近基部，裂片不规则。新老枝红褐色；新叶裂片红色，或红与玫红相间，或绿色；成熟叶玫红与红褐色相间，或红褐色。叶片基部心形或截形，叶缘有不规则锯齿；叶色持续时间长，叶片抗灼伤能力较强。

新叶

夏初叶

春叶

初夏新梢叶

枝叶（夏新梢）

新枝

成熟枝

夏叶

白斑锦

Acer palmatum Shirofu nishiki

品种简介： 鸡爪槭品种，落叶小乔木，单叶对生，叶掌状5～7深裂。春叶黄绿色，叶缘带有红色；夏叶绿色镶嵌淡黄色斑纹锦；秋叶渐变为橙红色。叶基部心形，叶片抗灼伤能力较强。

新叶

展叶期

春叶

花序与花

春末叶

夏叶

秋叶

果

饭岛砂子

Acer amoenum Iijima sunago

品种简介：落叶小乔木。单叶对生，叶掌状5～7深裂，裂片几乎裂至叶基，裂片边缘有锯齿。新叶红色；春叶红色或紫红色略有红色砂子斑，春末叶紫红色略有绿色砂子斑；夏叶渐变为绿色；秋叶从橙红色到黄色。

展叶期

新叶

春叶

春末叶

夏初叶

秋叶

鹤之舞

Acer palmatum Tsuru no mai

品种简介： 鸡爪槭斑叶品种，落叶小乔木。单叶对生，叶掌状5～7深裂，叶裂片边缘锯齿状。新叶红色，春叶色彩斑斓，有绿色、白色和粉色，嫩枝有鲜亮的粉色；至夏季粉色逐渐减少，变为绿色和白色相间的叶片；秋季渐变为黄色。

芽萌动期

展叶期

二年生枝条

老枝新叶

幼叶

春叶

夏叶

红小袖

Acer palmatum Beni kosode

品种简介：鸡爪槭品种，落叶小乔木。单叶对生，叶掌状5～7深裂。春天新叶鲜红色，春季成熟叶红色镶嵌黄绿色的斑块，夏季容易焦叶。

芽萌动期

展叶期

新叶

春叶1

春叶2

当年生枝条

红紫炎

Acer matsumurae Beni shien

品种简介：落叶小乔木。单叶对生，叶掌状7深裂，叶裂片较长略显不规则。春季成熟叶红紫色镶嵌红色的斑块，夏叶紫绿色略带黄绿色斑块，秋叶渐变为橙红色。

芽萌动期

展叶期

春叶

夏叶

秋叶

二年生枝条

六月圜锦

Acer palmatum Rokugatsu en nishiki

品种简介：鸡爪槭品种，落叶小乔木。单叶对生，叶掌状5～7深裂，叶裂片不规则。新叶黄绿色且边缘镶嵌粉红色，春季成熟叶绿色附粉红色的斑块，夏季绿色附白色或淡黄色斑块，秋叶由红变黄。当年生枝条生长季红褐色，二年生枝条生长季红褐色。

新叶

春枝

当年生枝条

二年生枝条

夏叶

幼叶

春叶

龙纹锦

Acer palmatum Ryuhmon nishiki

品种简介：鸡爪槭斑叶品种，落叶小乔木。单叶对生，叶掌状5～7深裂，叶裂片边缘锯齿状。新叶亮黄色，叶缘有红色镶边；春季成熟叶黄绿色带黄色斑块，叶缘有红色镶边；夏叶渐变为绿色带黄色、淡黄色或白色的斑块，夏梢叶绿中带玫红色锦；秋叶渐变为红色或紫红色。

幼叶

春叶

新叶

花序与花

夏叶

秋叶

夏叶

夏梢叶

果

秋筱锦

Acer palmatum Akishino nishiki

品种简介：鸡爪槭斑叶品种，落叶小乔木。单叶对生，叶掌状5深裂，叶裂片不规则，叶裂片边缘锯齿状。新叶红色镶嵌绿色斑块，春叶黄绿色镶嵌玫红色斑块，夏叶淡黄色与绿色相间。

新叶

春叶1

春叶2

春叶3

春末叶

春季当年生枝条

秋爪红

Acer palmatum Aki tsumabeni

品种简介：鸡爪槭品种，落叶小乔木，叶7～9中裂，叶缘有重锯齿。春叶黄绿色，叶缘红色；夏叶绿色，叶缘赤茶色或红色；秋叶黄色，叶缘红色。叶色特别，具有极高的观赏性。

花序与花

芽萌动期

展叶期

多年生枝条生长季

春叶

果

秋叶

拾福锦

Acer palmatum Shufuku nishiki

品种简介：落叶小乔木，鸡爪槭斑叶品种，花泉锦的变种。单叶对生，叶掌状5～7深裂，叶裂片边缘锯齿状，叶裂片不规则。新叶深粉色，春叶色彩斑斓，有黄绿色、白色和粉色，嫩枝鲜红色；至夏季粉色调逐渐减少，变为绿色和白色相间的叶片；秋季渐变为红色。

新叶

新枝叶

春叶

春末叶

当年生枝条

二年生枝条

锦叶

西拉蕊

Acer palmatum Shirazz

品种简介：鸡爪槭品种，落叶小乔木。叶掌状5～7裂，复色。春叶以紫红色和深粉紫相间，夏叶绿色和浅黄色相间，秋叶秋天叶色变为紫红色。叶片抗灼伤能力强。

新叶	春叶
夏叶	秋叶
花序与花	幼果

虾夷锦

Acer palmatum Ezo nishiki

品种简介：鸡爪槭斑叶品种，落叶小乔木。单叶对生，叶掌状5～7深裂，叶裂片边缘锯齿状，叶裂片不规则。新叶黄色且叶尖红色，春叶黄绿色带深粉色斑块；夏叶变为绿色带奶白色斑块；秋叶渐变为红色。

春叶

幼叶

春末叶

当年生枝条

夏叶

多年生枝条

夏梢叶

植株

袖锦

Acer palmatum Sode nishiki

品种简介：鸡爪械品种，落叶小乔木。单叶对生，叶掌状 5～7 深裂，裂片边缘有锯齿。新叶黄色，叶缘橙红色，春叶黄色；夏叶绿色，叶缘带淡黄色的锦，夏梢叶浅黄色；秋叶渐变为橙红色。

幼叶

新叶

春叶

夏叶

夏叶

夏梢叶

伊豆踊子

Acer amoenum Izu no odoriko

品种简介：斑叶品种，落叶小乔木。单叶对生，叶掌状5～7深裂，叶裂片不规则，叶裂片边缘锯齿状。新叶鲜红色，非常醒目；春叶深粉色镶嵌绿色斑块；夏季容易焦叶。

展叶期

新叶

幼叶

春叶1

春叶2

初春当年生枝条

艺妓

Acer palmatum Geisha

品种简介：鸡爪槭斑叶品种，落叶小乔木。单叶对生，叶掌状7深裂，叶裂片不规则，叶裂片边缘锯齿状。春叶深粉色镶嵌绿色斑块；至夏季渐变为褐绿色、黄绿色相间的叶片。

夏叶

春叶

新叶

新叶

当年生春初枝条

植株

二年生枝条

银河

Acer palmatum Ginga

品种简介：鸡爪槭斑叶品种，落叶小乔木。单叶对生，叶掌状5~7深裂，叶裂片边缘锯齿状。春叶色彩斑斓，叶粉色镶嵌绿色斑块；至夏季渐变为绿色和淡黄色相间的叶片；秋季渐变为橙红色。

锦叶

展叶期

春叶

夏叶

当年生枝条

多年生枝条

秋叶

植株

泰 勒

Acer palmatum Taylor

品种简介：叶片5裂，裂片较深，裂至基部四分之一到五分之一处。新枝淡黄色，老枝灰绿色；新叶绿色且叶边缘带玫红色，或沿中间叶脉一侧为玫红色，或叶片为玫红色；成熟叶绿色且边缘有玫红色带。叶基中楔形，叶缘有不规则锯齿；叶片较小，叶片抗灼伤能力一般。

春叶　　　　　　　　　　春枝春叶　　　　　　　　　　春枝春叶

新叶（弱光照）

新叶（弱光照）　　　　　　　　　　新叶（弱光照）

夏初枝叶　　　　　　　　　　当年生枝

火之鸟舞

Acer palmatum Hino tori nishiki

品种简介： 叶片5~7裂，裂片较深，裂至基部四分之一到五分之一处。新枝黄绿色，成熟枝红褐色；新叶绿色，叶缘略带玫红色斑纹；春叶绿色，叶缘带玫红色或玫红色，成熟叶绿色夹带浅黄色斑纹。叶片基部心形，叶缘有粗锯齿；叶片抗灼伤能力较强。

芽萌发　　　　　　　　新叶　　　　　　　　春叶1

春叶2　　　　　　　　夏叶　　　　　　　　夏枝干

俯瞰　　　　　　　　　　　植株

153

艺者也疯狂

Acer palmatum gesha gone mild

品种简介： 叶片7裂，裂片深裂，裂至五分之四或近基部。新枝紫红色，成熟枝灰绿色；春叶紫红色，沿叶缘布有红色带；成熟叶绿色，沿叶缘布有白色带；夏梢叶红色。叶片基部心形，叶缘有锯齿；叶片向上翻卷，叶面不平整，有皱褶；叶片抗灼伤能力强。

芽萌发

花序与花

夏叶

春叶

夏初叶

春枝

夏梢叶

彩虹

Acer palmatum Rainbow

品种简介： 叶片7~9裂，裂片深裂至基部或近基部。春新枝红褐色，老枝灰绿色；春叶紫红色，夏叶绿色或紫红色，带有浅黄色或白色锦带，夏梢叶紫红色中带有深红色锦。叶片基部心形，叶缘有细锯齿；叶片抗灼伤能力强。

春叶　　　　　　　　　花序与花　　　　　　　　　春新枝

夏叶1　　　　　　　　　　　　　　夏梢叶

夏叶2　　　　　　　　　　　　　　果

羽毛叶类

翡翠蕾丝

Acer palmatum Emerald lace

品种简介：叶片5～7裂，裂片深，裂至叶基部，小裂片呈羽毛状。新枝浅红色，成熟枝翡翠绿色，枝条微下垂；新叶橘黄色，叶缘有红晕，夏梢浅橘黄色，成熟叶翡翠绿色。基部心形，叶缘有粗锯齿；生长势较强，叶片抗灼伤能力强。

新叶

春叶

春枝

叶形

夏初枝

植株（夏）

枝叶（夏）

羽毛枫

Acer palmatum Dissectum

品种简介：叶片7裂，裂片深裂至基部。新枝浅黄色，老枝灰绿色，多年生绿色；新叶浅黄绿色，成熟叶绿色。叶基心形，叶边缘有深锯齿，呈羽毛状；枝条较平展，微下垂；叶片抗灼伤能力较强。

春叶

新叶

夏叶

多年生枝（夏）

新枝

夏枝

植株

加贺簾

Acer matsumurae Kaga-sudare

品种简介：鸡爪槭羽叶品种，落叶乔木，垂枝形。叶羽毛状深裂至基部。春天新叶红棕色，后渐变为黄绿色叶缘有红棕色，然后渐变为绿色；夏叶绿色；秋叶渐变为橙红色。当年生枝条春初紫红色，后渐变为红绿色。多年生枝条生长季绿色。

新叶

春初叶

春叶

秋叶

秋色

春初当年生枝条

多年生枝条

猩猩枝垂

Acer palmatum Shojo shidare

品种简介： 鸡爪槭羽叶品种，落叶乔木，垂枝形。叶羽毛状裂至基部。春天红紫色萌芽，新叶红褐色，春叶紫红色；夏叶红紫色略透着绿色；秋叶渐变为红色。当年生枝条紫红色，多年生枝条生长季紫红色。

芽萌发期　　　　　　　　　　展叶期　　　　　　　　　　二年生枝条

新叶　　　　　　　　　　　　　夏初叶

秋叶　　　　　　　　　　　　　秋色

花缠

Acer palmatum Hana matoi

品种简介：鸡爪槭羽叶品种，落叶乔木。叶羽毛状裂至基部。春天叶很有特色，红棕色镶嵌红色斑块；夏叶红棕色，偶有桃红色斑块；秋叶渐变为红色。

展叶期　　　　　　　　　　　新叶 1

新叶 2　　　　　　　　　　　春叶

夏叶 1　　　　　　　　　　　夏叶 2

朱利安

Acer palmatum Pendulum Julian

品种简介：鸡爪槭羽叶品种，落叶乔木，垂枝形，可修剪成球形。叶羽毛状裂至基部。春天红紫色萌芽，新叶红紫色，春叶紫红色；夏叶绿色略透着红紫色；秋叶渐变为红色。

芽萌动期

展叶期

新叶

春叶

秋叶

二年生枝条

彗星

Acer matsumurae Filigree

品种简介： 鸡爪槭羽叶斑脉品种，落叶乔木，垂枝形。叶羽毛状全裂。春天新叶嫩绿色，叶脉绿色；春季成熟叶淡黄色，叶尖绿色，叶脉绿色；夏叶浅绿色，叶脉绿色；秋叶渐变为黄色。

萌芽期

新叶

春叶 1

春叶 2

夏叶

当年生枝条

五色枝垂

Acer matsumurae Goshiki-shidare

品种简介：羽叶红叶系品种，落叶乔木，垂枝形。叶羽毛状全裂。春天新叶红色，成熟春叶红紫色；秋叶渐变为黄色至橙红色。当年生枝条生长季红褐色，多年生枝条生长季绿色。

新叶

春初叶

芽展叶

春叶

春初当年生枝条

春末叶

多年生枝条

舞孔雀

Acer japonicum Mai kujaku

品种简介：羽扇槭羽叶品种，落叶小乔木，叶9羽状全裂。新叶早春萌发被满白色柔毛，后渐渐脱落，芽萌动展叶便可见花；春叶黄绿色，夏叶绿色，秋叶橙红色。

展叶期　　　　　　　　　　　　　　花枝

春叶

秋叶　　　　　　　　　　　　　　　植株

二年生枝条　　　　　多年生枝条　　　　　果

枝垂舞孔雀

Acer japonicum Shidare mai kujaku

品种简介：羽扇槭羽叶垂枝品种，落叶小乔木，叶9羽状全裂。舞孔雀的垂枝品种，其他特征与舞孔雀相似。春叶黄绿色，夏叶绿色，秋叶橙红色。

萌芽期

花序与花

春叶

果

展叶期

当年生枝条

二年生枝条

植株

朱雀羽毛

Acer crataegifolium Suzaku

品种简介：叶片7裂，裂至基部，叶形呈羽毛状，小裂片有不规则锯齿。新枝朱红色，成熟枝灰绿色，枝条微下垂；叶片较大，新叶红色，成熟叶绿色；夏梢叶红色。基部心形，叶片抗灼伤能力较强。

叶形

花序与花

夏梢

春叶

春枝

夏枝叶

嫁接苗

紫色缎带

Acer palmatum Burgundy lace

品种简介：叶片7~11裂，裂片深至基部，小裂片狭长，呈羽毛状。新枝红褐色，成熟枝紫红色；新叶紫红色，春叶紫红色，成熟叶绿色；夏梢叶红色。叶片基部心形，叶缘有不规则锯齿，叶片抗灼伤能力较强。

春叶

展叶期

花序与花

夏叶

夏梢叶

叶形

植株（俯瞰）

夏萌发叶

治郎枝垂

Acer palmatum Jiro shidare

品种简介：叶片7~9裂，裂片深裂至基部。新枝浅黄绿色，老枝干绿色；春叶紫红色，成熟叶绿色，夏梢叶红色。叶片基部截形，裂片叶叶缘有深锯齿，呈羽毛状；叶片抗灼伤能力较强。

花序与花

夏梢叶

夏初叶

幼叶

春叶

植株

夏叶

奥托

Acer matsumurae Ottos dissectum

品种简介：叶片7裂，裂片深裂至基部；小叶片狭长，小裂片再分生裂片，成羽毛状。新枝绿色，成熟枝灰绿色；春叶绿色，叶边缘带有橙红色，成熟叶绿色。叶片基部近截形或楔形，小裂片叶缘有不规则锯齿；枝条弯曲飘逸，叶片抗灼伤能力较强。

春叶

夏叶（俯瞰）

叶形

春叶（俯瞰）

夏叶

当年生枝

孔雀鸠

Acer japonicum Kujaku-bato

品种简介： 叶片7~9裂，裂片深裂至基部。新枝红褐色，成熟枝灰绿色；新叶黄绿色微带浅红，春叶绿色，夏叶墨绿色。叶片基部心形；裂片叶细小，小裂片叶有深浅不一的锯齿，呈羽毛状；叶形与枝垂舞孔雀相似，枝条自然弯曲，树形姿态飘逸，叶片抗灼伤能力强。

新叶

展叶

春枝1

春叶

春枝2　　　　　二年生枝　　　　　夏叶（俯瞰）

青枝垂

Acer palmatum Ao shidare

品种简介： 叶片7~9裂，裂片深裂至基部。新枝黄绿色，成熟枝灰绿色；新叶浅黄色，春叶青绿色，成熟叶墨绿色。叶片基部截形或近截形，小裂片叶缘有深锯齿，叶形似羽毛；枝干自然弯曲，树形飘逸，叶片抗灼伤能力强。

幼叶

花序与花

春枝

夏叶

果

春叶

植株

国内培育品种

绯虹

Acer palmatum Feihong

品种简介： 鸡爪槭自然变异选育而来的观果新品种，落叶乔木。当年生枝条紫红色，多年生枝条灰绿色，叶片纸质。基部心形或近于心形，掌状 5～9 裂，边缘有尖锐锯齿，秋叶黄色；花期 3～4 月，伞房花序顶生；花萼片 5，紫红色；花瓣 5，淡黄色。翅果朝上生长多而密，幼时深红色，持续到 8 月，成熟时棕黄色，坚果球形，幼时黄绿色，后渐渐转为深红，成熟时为棕黄色，幼果呈锐角。（宁波城市职业技术学院培育，品种权号 20160068）

幼果

春叶

夏果

春初果枝

果

夏枝果

果姿

寒缃

Acer elegantulum Hanxiang

品种简介：秀丽槭实生苗变异单株培育而来的观秆品种，落叶乔木，树皮灰绿色，稍粗糙。当年生的枝条春季红中带黄，夏秋季黄绿色，冬季金黄色，多年生枝条黄绿色。叶片纸质，基部深心形或近于心形，掌状5裂，中央裂片与侧裂片长圆状卵形，先端长尾状锐尖，边缘有粗锯齿，叶片上面绿色，无毛，成熟叶绿色，秋叶黄色。生长速度较快。（宁波城市职业技术学院培育，品种权号20170076）

秋叶　　　　　　　　果实　　　　　　　　夏季果枝

春枝　　　　　　　多年生枝　　　　　　　冬枝

多年生树干　　　　　　新梢新叶　　　　　　夏叶

黄堇

Acer elegantulum Huangjin

品种简介： 秀丽槭实生苗变异单株培育而来，落叶乔木。叶片纸质，基部深心形近于心形，掌状5裂，裂片长披针形，先端渐尖，边缘有锯齿，裂片深达叶片的1/2～3/4，新叶淡黄绿色，成熟春叶浅黄绿色或浅黄绿色与绿色相间，初夏叶深黄绿色或深黄绿色与绿色相间，后渐变为浅黄绿色与绿色相间。生长速度较快，主要通过嫁接繁殖，适宜栽培区域为长江流域，喜温暖湿润气候和肥沃、深厚的微酸性或中性土壤。（宁波城市职业技术学院培育，品种权号20170077）

春叶　　　　　　　　　　春色

夏末叶　　　　　　　　　幼叶

夏叶　　　　　植株　　　　　夏梢

黄莺

Acer elegantulum Huangying

品种简介：秀丽槭实生苗变异单株培育而来，落叶乔木。当年生枝条黄绿色，叶片纸质，基部深心形或近于心形，掌状5裂，裂片长披针形，先端渐尖，边缘有粗锯齿，裂片深达叶片的1/2～3/4，新叶红褐色与深红相间，成熟春叶棕黄色与绿色相间，初夏叶深黄绿色与绿色相间，夏末叶渐变为亮黄绿色与绿色相间。生长速度较快，主要通过嫁接繁殖，适宜栽培区域为长江流域，喜温暖湿润气候和肥沃、深厚的微酸性或中性土壤。（宁波城市职业技术学院培育，品种权号20170078）

春叶

夏叶

果

新叶

幼叶

树干

夏初叶

夏梢叶

四明火焰

Acer pubipalmatum Simhuoyan

品种简介：毛鸡爪槭芽变培育而来的新品种，落叶小乔木，生长势中等。当年生枝条绿色或紫绿色，被白色宿存绒毛，多年生枝条灰绿色或灰褐色。掌状 5 或 5~7 深裂，裂片披针形，先端长渐尖，边缘有锯齿，叶片嫩时两面被短柔毛，后仅下面被长柔毛，叶绿色带有浅黄色花纹，叶柄嫩时密被长柔毛，老时逐渐脱落而多少有毛；花萼片 5，红紫色；花瓣 5，淡黄色。喜温暖湿润气候和肥沃、深厚的微酸性或中性土壤，适宜栽培区域为长江流域。（宁波城市职业技术学院培育，品种权号 20180350）

夏梢叶

春末叶

夏叶

秋叶

早春叶

春叶

果

四明玫舞

Acer elegantulum Simmeiwu

品种简介： 秀丽槭芽变培育品种，落叶小乔木，树皮灰绿色。3月初，在全光照条件下开始萌发，叶片纸质，基部近于心形，掌状5偶7深裂，中央裂片与侧裂片披针形或不规则，先端长渐尖，边缘有粗锯齿。新叶叶片玫红色沿叶脉带有绿色斑块和斑点，夏叶叶片浅黄或粉白沿叶脉带有绿色斑块和斑点，春、夏、秋表现出不同的色彩。抗高温灼伤能力强，11月开始落叶。（宁波城市职业技术学院培育，品种权号20180351）

新叶

盆栽苗

春叶

夏叶

夏初叶色

春末叶色

秋叶

小苗春色

彩褶

Acer elegantulum Caizhe

品种简介： 秀丽槭实生苗芽变培育而来，落叶小乔木，当年生枝条生长季褐绿色。叶片厚纸质，基部近于心形，掌状3～5裂，中央裂片与侧裂片披针形或不规则，叶片边缘稍有波状褶皱，先端长渐尖，边缘稍有锯齿，春叶褐绿色边缘带有轮状玫红色，夏叶绿色边缘带有轮状黄色，11月开始渐渐落叶。（宁波城市职业技术学院培育，品种权号20200162）

春末叶　　　　　　　　　　　夏梢

新叶　　　　　　　　　　　幼叶

夏叶与新梢　　　　春叶　　　　夏初叶　　　　夏叶

四明梦幻

Acer elegantulum Simmenghuan

品种简介：秀丽槭实生苗芽变培育而来，落叶乔木，树皮灰绿色。叶片纸质，基部近于心形，掌状5深裂，中央裂片与侧裂片披针形或不规则，先端长渐尖，边缘有锯齿。春叶淡粉色中带绿色斑块或斑点，夏叶绿色中带有浅黄色斑块或斑点。生长速度较快，主要通过嫁接繁殖，适宜栽培区域为长江流域，喜温暖湿润气候和肥沃、深厚的微酸性或中性土壤。（宁波城市职业技术学院培育，品种权号 20200163）

春末叶

植株

春叶

植株

新叶

盆栽苗（夏初）

夏初叶

夏梢叶

夏叶

春缃

Acer elegantulum Chunxiang

品种简介：秀丽槭实生苗变异单株培育而来，落叶乔木。当年生的枝条初春、夏秋季均为浅黄与绿色条纹状竖向相间，冬季红棕色。叶片纸质，基部呈心形或近于心形，掌状5裂，中央裂片与侧裂片长圆状卵形，先端长尾状锐尖，边缘有锯齿，叶片上面绿色，无毛，下面淡绿色。生长速度较快，主要通过嫁接繁殖，适宜栽培区域为长江流域，喜温暖湿润气候和肥沃、深厚的微酸性或中性土壤。（宁波城市职业技术学院培育，品种权号20200164）

初春老枝

多年生树干春色

春季枝条

冬季枝与芽

春季植株

夏树枝

冬季植株

靓亮

Acer elegantulum Liangliang

品种简介：秀丽槭实生苗中选育出的新品种。落叶小乔木，主枝斜展，分枝密度中等。叶片纸质，基部深心形近于心形，掌状5裂，裂片长披针形，先端渐尖，边缘有锯齿，裂片深度中等，新叶主色黄色，成熟春叶主色绿色，次色浅黄色。叶片次色分布类型沿叶脉不规则分布。春、夏、秋季叶片呈现不同色彩，春叶有光泽。生长较快，抗高温。适宜长三角、云贵川等区域栽培。可广泛应用于景观绿化、庭院绿化；也可以盆栽，作为室内观赏植物。（宁波城市职业技术学院培育，品种权号20210713）

夏梢叶

新叶

春叶

夏初叶

果

夏叶

植株

红颜珊瑚

Acer palmatum Hongyanshanhu

品种简介： 赤枫嫁接苗中选育出的新品种。落叶小乔木，叶片纸质，冬季及春季展叶前枝条鲜红色，非常显眼。单叶对生，掌状5裂，裂片披针形，先端锐尖，边缘有细锯齿。嫩叶紫红色，格外引人注目；春叶紫红色；夏叶渐渐变为黄绿色；秋天叶子变为黄色或赤茶色。生长较快，抗灼伤能力较强，适宜长三角、云贵川等区域栽培。可广泛应用于景观绿化、庭院绿化；也可以盆栽，作为室内观赏植物。（宁波城市职业技术学院培育，品种权号20210714）

夏梢叶

春枝春叶

嫁接苗春色

新叶

夏叶

夏枝

多年生枝条

四明锦

Acer palmatum Simjin

品种简介： 鸡爪槭实生苗中选育出的新品种。落叶小乔木，主枝斜展，分枝密度中等。叶片纸质，基部深心形近于心形，掌状7裂，裂片长披针形，先端渐尖，边缘有锯齿，裂片深度中等。新叶主色绿色，次色黄色；成熟春叶主色绿色，次色浅黄色。叶片次色呈斑状不规则分布。生长快，抗灼伤能力较强；喜温凉湿润气候，适宜浙江、安徽、福建、上海、江西、江苏、湖北、云南、贵州、四川等区域栽培。（宁波城市职业技术学院培育，品种权号20210715）

新叶

初春叶

夏叶

春叶

夏初叶

春枝

植株

金陵红

Acer buergerianum Jinlinghong

品种简介：三角槭实生苗选育品种，落叶乔木。当年生枝紫色或紫绿色，近乎无毛；多年生枝淡灰色或灰褐色，稀被蜡粉。单叶对生，叶厚纸质，浅3裂，各裂片形状不同，中央裂片三角形，侧裂片钝形。基部楔形，外貌椭圆形或倒卵形。成熟叶上表面深绿色，下表面淡绿色。花期4月，花多数常成顶生被短柔毛的伞房花序，直径约3cm，花瓣5，淡黄色。果期8月，翅果黄褐色，张开呈锐角或近于直立。秋季叶色亮紫红色，落叶期在12月下旬至翌年1月上旬。（江苏省农业科学院培育 品种权号20140036）

新叶

秋叶

植株

秋景

夏梢

翅果

行道树景观

夏叶

金陵丹枫

Acer palmatum Jinglingdanfeng

品种简介： 从鸡爪槭金陵黄枫（Acer palmatum Jingling Huangfeng）组培苗中发现的叶色芽变新品种，落叶小乔木，枝条粗壮。3月下旬萌动，嫩叶呈亮红色，春季红叶观赏期70天左右；6月中旬，叶色呈黄绿色，有少量粉色不规则镶嵌，边缘重锯齿，有粉色刺芒；11月中旬，叶片转为红色。（江苏省农业科学院培育，品种权号20180156）

翅果

新叶

6月中旬叶色

4月上旬叶色

7月中旬叶色

4月下旬叶色

植株

紫金红

Acer buergerianum Zijinhong

品种简介：三角械实生选育品种，落叶乔木。单叶对生，叶厚纸质，3裂，各裂片形状不同，中央裂片三角状卵形，侧裂片较小。基部圆形，外貌椭圆形或倒卵形。成熟叶上表面深绿色，下表面淡绿色；秋季叶片紫红色，落叶期在1月中旬。（江苏省农业科学院培育，品种权号20230001）

春叶

秋季红叶

翅果

秋季植株

雪后的紫金红

夏季植株

红妃

Acer palmatum Hongfei

品种简介： 鸡爪槭实生苗选育品种。落叶小乔木，叶片掌状5裂，叶缘有锯齿。展叶较早，新叶嫩粉红，小枝粉红且透明，约1周后叶色为明亮的粉红色；叶色渐渐变淡，呈粉白色；4月下旬起，随着温度升高、日照加强，呈现一定程度的日灼；5月起叶色变绿，新抽稍粉色，夏季绿色；秋叶橙色至深红色。（溧阳映山红花木园艺有限公司培育，品种权号20210117）

幼叶	春叶	春末叶
新叶	夏叶	秋叶
夏梢叶	花序与花	植株

苏枫绯红

Acer palmatum Sufengfeihong

品种简介：鸡爪槭实生苗选育品种。落叶小乔木，树皮灰色。3月初萌发，叶掌状5裂，裂片较深，基部心形，中裂片窄三角形，裂片各边缘为不规则重锯齿。春季幼叶橘红色，新叶主色黄绿色，次色橙红色，生长期叶色为绿色；秋季10月下旬到11月中旬为叶色转变期，叶片颜色由绿转为红色；落叶期在11月底至12月下旬。（江苏省林业科学研究院、溧阳映山红花木园艺有限公司培育，品种权号20210510）

春叶

新叶

秋叶

夏叶

幼叶

果

植株

苏枫灿烂

Acer palmatum Sufengcanlan

品种简介：鸡爪槭实生苗选育品种。落叶小乔木，树皮灰色。3月初萌发，叶掌状5裂，裂片较深，基部心形，中裂片窄三角形，裂片各边缘为不规则重锯齿。春季幼叶橘红色，新叶主色黄绿色，次色橙红色，生长期叶色为绿色；秋季10月下旬到11月中旬为叶色转变期，叶片颜色由绿转为红色；落叶期在11月底至12月下旬。（江苏省林业科学研究院、溧阳映山红花木园艺有限公司培育 品种权号20210510）

幼叶

春叶

夏叶

夏枝

新叶

秋叶

冬枝

四明绣锦

Acer elegantulum Simxiujin

品种简介：秀丽槭实生苗中选育而来的新品种，落叶小乔木，主枝斜展，分枝密度中等。叶片纸质，基部近于心形，掌状 5 裂，裂片长披针形，先端渐尖，边缘有锯齿。裂片深度中等，新叶橙红色，成熟春叶黄色，夏叶绿色；叶片抗灼伤能力一般。（宁波城市职业技术学院培育，品种权号 20230515）

幼叶

夏梢叶

新叶

春叶

夏叶

新枝

四明秀山

Acer elegantulum Simxiushan

品种简介： 秀丽槭实生苗中选育而来的新品种，落叶小乔木，主枝斜展，分枝密度中等。叶片厚纸质，基部近于心形，掌状 3~5 裂，裂片长披针形或不规则，先端渐尖，叶裂片边缘稍有褶皱，中间裂片较长，裂片边缘向下微卷曲。新叶片被毛，后逐渐脱落；新叶暗紫色，成熟春叶、夏叶绿色，夏梢叶橘黄色；秋叶渐渐转赤茶色；叶片抗灼伤能力较强。（宁波城市职业技术学院培育，品种权号 20230516）

新叶

秋叶　　　　　　果　　　　　　　　　夏梢叶

幼叶　　　　　　　　　春叶　　　　　　　　　夏叶

四明秀狮子

Acer elegantulum Simxiusizi

品种简介：秀丽槭实生苗中选育而来的新品种，落叶小乔木，主枝斜展，分枝密度较密。单叶对生，叶片纸质，基部近于心形，掌状 5 裂，裂片披针形，先端渐尖，边缘有粗锯齿，叶子裂片向上卷曲。新叶黄绿色，夏叶渐渐变为绿色，秋天叶色变为橙红色。叶片抗灼伤能力较强。（宁波城市职业技术学院培育，品种权号 20230517）

春枝春叶

幼叶

春叶

夏枝夏叶

夏叶

嫁接苗

苏枫丹霞

Acer palmatum Sufengdanxia

品种简介：鸡爪槭实生苗选育而来的新品种，落叶小乔木。叶掌状5~7裂，裂片较深，叶尖细长，叶缘有不规则锯齿，基部截形或心形。幼叶橘红色，春叶粉红色，叶脉绿色，后渐渐转为绿色，夏叶绿色，叶面微带黄白色斑点，秋叶深红色。抗灼伤能力较强，长势中等。（江苏省林业科学研究院、溧阳映山红花木园艺有限公司培育 品种权号20210508）

春末叶

幼叶

夏初叶

春叶

新叶

夏叶